AF467003

30 *CENTIMES*

LA COUPE ET LA RÉCOLTE

DES

GOËMONS

D'APRÈS LA LOI

PAR

J. LUCAS

AVOCAT

TRÉGUIER

A. LE FLEM, LIBRAIRE

1876

F 79

LA COUPE ET LA RÉCOLTE

DES

GOËMONS

D'APRÈS LA LOI

Pièce
8° F
79

TRÉGUIER. — IMPRIMERIE DE A. LE FLEM.

30 *CENTIMES*

LA COUPE ET LA RÉCOLTE

DES

GOËMONS

D'APRÈS LA LOI

PAR

AVOCAT

TRÉGUIER

A. LE FLEM, LIBRAIRE

1876

LA RÉCOLTE ET LA COUPE DES GOEMONS

D'APRÈS LA LOI

Historique.

Les herbes marines qui poussent sur les rivages de la mer sont diversement appelées **goëmons** en Bretagne, **varechs** en Normandie et **sarts** sur les côtes qui s'étendent des Pyrénées à Nantes. Néanmoins le nom de goëmon semble prévaloir et être définitivement adopté par le législateur pour désigner, non pas comme l'ont cru certains auteurs, une espèce de plante marine plus spécialement employée en Bretagne, mais la généralité des herbes poussant sur le rivage de la mer et destinée soit à produire de la soude, soit à servir d'engrais pour les terres.

Le droit de recueillir ces herbes appartenait anciennement au seigneur possesseur d'un fief situé sur les bords de la mer.

Ce droit, aux termes de l'article 596 de la coutume de Normandie, consistait à s'approprier *toutes les choses que l'eau jette à terre par tourmente et fortune de mer et qui arrivent si près de terre qu'un homme à cheval y puisse toucher avec sa lance.*

La première réglementation des coupes de varech date de la célèbre ordonnance de 1681 sur la marine qui fut bientôt suivie de la déclaration du 30 mai 1731.

Les parties principales de ces deux actes législatifs ont été répétées dans de récents décrets.

L'article 7, Titre 1 de la loi du 13 avril 1791, porte que les droits d'épaves et de varech ne s'exerceront plus en faveur des ci-devant seigneurs.

Les ordonnances royales citées ci-dessus avaient fixé ce principe que seuls les habitants des communes riveraines de la mer avaient le privilége de recueillir le varech sur les rochers.

Le 12 vendémiaire, an II, un représentant du peuple en tournée trouva que *ce privilége était injurieux à l'égalité, préjudiciable à la fécondité de la terre et qu'il en résultait une déperdition sensible du varech dont le surplus n'était pas consommé par le propriétaire.*

En conséquence, il prit un arrêté appelant toutes les communes, soit des côtes, soit de l'intérieur, à recueillir le goëmon.

Les communes riveraines qui ne trouvaient probablement pas qu'il y eut trop de goëmons pour elles seules, et qui se souciaient encore moins de l'égalité en pareille matière qu'on ne les appelait pas, par réciprocité, à partager les avantages des communes de l'intérieur, réclamèrent énergiquement et firent rapporter, huit ans après, l'arrêté du 12 vendémiaire.

Aujourd'hui le droit exclusif des communes riveraines est souverainement reconnu par les décrets de 1853 et de 1868 qui en ont réglementé l'exercice, au moins dans les parties les plus importantes.

Législation.

—

Le décret du 31 mars 1868 et avant lui le décret du 4 juillet 1853 ont divisé les goëmons en trois classes.

PREMIÈRE CLASSE.

Goëmons venant épaves à la côte.

—

Ce sont ceux qui, détachés par la mer, sont portés à la côte par le flot. Les goëmons appartiennent au premier occupant, c'est-à-dire à celui qui s'en empare en premier lieu.

Toute personne, habitant ou non habitant de la commune, peut les prendre et les recueillir, en tout temps et en tous lieux, les vendre, les transporter où bon lui semble, en faire tel usage qu'il lui convient.

C'est ce qui résultait de l'ordonnance de 1681.

C'est encore le droit existant, d'après les articles 113 du décret de 1853 et 7 du décret 1868.

Le goëmon épave peut-il être recueilli la nuit?

Le décret du 4 juillet 1853 déclarait sous la rubrique « Dispositions communes à tous les goëmons : Article 119. — *La coupe et la récolte des goëmons ne doit avoir lieu que pendant le jour.* »

Le décret de 1868 n'a pas répété cette disposition, il est vrai, mais il est généralement admis que ce décret n'a pas réuni toutes les dispositions relatives à la matière et a, en conséquence, laissé subsister celles qui n'avaient rien de contraire à sa réglementation ou qu'il n'abrogeait pas *explicitement*.

Néanmoins nous pensons, si peu importante en pratique que puisse être la question, que ce dernier décret a intentionnellement négligé de répéter cette disposition. Ce décret, en effet, prend soin — ce que ne fait pas le décret de 1853 — de déclarer en parlant du *goëmon de rive* et du *goëmon poussant en mer* que leur coupe et leur récolte ne pourront avoir lieu que le jour, (art. 4 et 6.) Cette disposition n'est pas répétée en ce qui concerne le *goëmon épave,* et, du reste, les mêmes motifs ne se rencontrent pas.

D'où nous sommes porté à admettre que la récolte du *goëmon épave* peut avoir lieu aussi bien la nuit que le jour.

Le décret de 1853 établit dans son article 119

que la récolte du *goëmon épave* est opérée avec des fourches ou des perches armées d'un seul croc.

Cette disposition est encore en vigueur mais ne doit pas être appliquée avec une excessive sévérité, Ainsi il a été jugé qu'il n'y a pas infraction à la loi dans le fait de se servir d'une fourche ordinaire à deux branches ne paraissant pas armées même d'un seul croc. — *Cassation* 10 avril 1856.

Nous avons dit que le varech détaché par la mer et apporté par le flot est et a toujours été considéré par la loi comme une chose n'appartenant à personne jusqu'au moment où quelqu'un s'en empare. A partir de ce moment il en fait sa propriété, mais il est nécessaire, si le goëmon recueilli doit rester quelque temps sur le rivage, que cette propriété se manifeste par quelque signe extérieur, sans quoi un tiers pourrait à son tour et de bonne foi s'en emparer et en devenir légitime et irrévocable propriétaire.

Cette marque de propriété se manifestera le plus souvent par la mise en tas, l'amoncellement ou tout autre travail de même nature, et l'individu qui s'emparerait de goëmons amoncelés par la main de l'homme se rendrait coupable d'un vol.

Monopole des Communes riveraines.

DEUXIÈME CLASSE.

Goëmons de rive.

Nous arrivons à la partie sinon la plus difficile, au moins la plus importante de ce travail.

Le monopole attribué aux communes riveraines a été, on le conçoit, l'objet d'un grand nombre de contestations qui ont eu l'avantage, en provoquant l'attention des législateurs et de la Cour suprême, de jeter un grand jour sur la question.

Ce monopole, ainsi que nous avons déjà eu l'occasion de le dire, trouve son origine dans l'ordonnance de 1681. *Valin,* le commentateur de cette ordonnance, l'explique dans des termes où l'emphase littéraire du grand siècle trouve son compte :

« C'est, dit-il, une compensation à l'incommo-
« dité et au dommage que les habitants de ces
« communes reçoivent du voisinage de la mer,
« soit par les vents imprégnés de parties salées
« qui hâlent et dessèchent la feuille et la fleur des
« arbres, de même que les fruits de toute espèce
« des terrains trop près de la côte, soit par l'écume
« que la mer en courroux élève en précipitant ses
« flots à coups redoublés contre le rivage, écume

« qui, franchissant les falaises même les plus hautes « se décharge comme un brouillard épais sur toutes « les terres des environs et même à une assez grande « distance. » Sans contester ce qu'il peut y avoir de sérieux dans cette explication, nous aimons mieux trouver l'origine de ce monopole dans l'impôt que les communes riveraines payaient anciennement *pour les rochers de la côte.*

Nous trouvons trace de cette étrange et ancienne taxe dans la réclamation des riverains, quand leur privilége leur fut enlevé en l'an II de la République, comme « injurieux à l'égalité. »

« Nous sommes, dirent-ils, propriétaires des « rochers sur lesquels le goëmon se recueille et « comme tels nous sommes imposés aux Contribu- « tions. Loin de laisser perdre une partie de cette « production, il s'en faut beaucoup que nous puis- « sions en retirer la quantité nécessaire pour fécon- « der nos terres, et nous dépouiller de cette pro- « priété, c'est nous condamner à cultiver inutile- « ment la moitié de notre terrain et à laisser l'autre « en friche. »

Aujourd'hui les rochers font partie du domaine public ; les riverains ne paient plus d'impositions de ce chef, mais le monopole est resté.

Il reste pour le justifier, il est vrai, les raisons de Valin, c'est-à-dire les dommages causés par « ces vagues en courroux qui franchissent, paraît-il, les plus hautes falaises, et se répandent en écume, à une grande distance, dans les champs, » et, encore mieux, l'impossibilité de faire profiter tout le monde de cette récolte.

Nous disons *encore mieux,* car les dommages causés aux champs par le voisinage de la mer n'expliqueraient pas pourquoi le privilége de la coupe du goëmon est accordé non seulement à ceux qui possèdent des terres, mais à ceux qui n'en possèdent pas, à la condition formelle qu'ils soient *habitants* d'une commune riveraine.

Il faut donc voir dans ce monopole non pas un droit naturel, comme on est assez porté à le croire sur nos côtes, mais une pure *concession* de l'Etat, du domaine public duquel les goëmons font partie.

L'Etat renonçant à tirer parti de cette récolte eut pu en abandonner le profit à tous, de même qu'il n'a pas réservé aux seuls habitants des côtes la pêche des coquillages.

Quant à l'objection tirée de ce que la quantité de goëmons recueillie serait déjà insuffisante pour les besoins de l'agriculture, elle tomberait devant ce fait que chaque année des masses considérables de goëmons sont brûlées et transformées en soude pour les besoins de l'industrie.

Telles sont les raisons que l'on pourrait mettre en avant contre le privilége des communes riveraines, privilége aujourd'hui universellement reconnu et formellement consacré.

Et telle est l'importance de cette matière végétale

que dès le dix-huitième siècle, on s'effraya de la voir appliquer à d'autres objets qu'à l'agriculture et à la fabrication de la soude à l'usage des verreries.

Il paraît, en effet, que l'usage s'était répandu d'employer la cendre de varech pour la fabrication du savon, pour dégraisser et blanchir le linge et même pour la pharmacie.

Ces divers emplois en avaient fait élever le prix et, le 2 septembre 1782, le Parlement effrayé déclara par arrêt la cendre de goëmon « nuisible dans le blanchissage, inefficace pour le savon, dangereuse dans les remèdes, et en rélégua l'usage à l'engrais des terres et aux verreries. » Cet arrêt n'est plus suivi aujourd'hui.

Enfin pour terminer cet historique disons qu'il est convenu, paraît-il, dans le Finistère, de réserver aux pauvres gens de la commune le premier jour de la coupe.

Cette pieuse coutume serait due aux recteurs des paroisses maritimes de ce département.

Étendue du monopole.

La coupe est permise pour tous les habitants, même étrangers et non naturalisés Français, riches ou pauvres, ayant ou n'ayant pas de terre. Le plus récent acte législatif sur la matière, c'est-à-dire le décret du 31 mars 1868, s'exprime ainsi :

Art. 2. — *La récolte des goëmons de rives appartient aux habitants des communes riveraines.*

Tout habitant a le droit de participer à cette récolte.

Les propriétaires des terres situées dans les communes du littoral ont droit à la récolte des goëmons de rive sans être tenus de justifier du fait d'habitation.

Il résulte de cet article, reproduisant d'ailleurs les dispositions des décrets antérieurs, que deux classes d'individus ont le droit de participer à la récolte du goëmon.

1° Ceux qui habitent la commune, qu'ils y possèdent *ou non* des terres.

2° Ceux qui n'habitent pas la commune mais *qui y possèdent des terres.*

Les droits de ces deux classes d'individus n'ont pas tout à fait la même étendue.

Habitants.

Que faut-il entendre par ces mots? Proud'hon pense qu'il faut considérer comme habitant tout individu qui transfère son domicile dans une commune.

Cette opinion, bien que très-fortement combattue par de bons auteurs, tend à prévaloir.

D'après elle, dès que le domicile est constaté, les habitants ont droit ouvert à la jouissance des biens communaux.

Or, le domicile de tout Français est au lieu où il a son principal établissement, et ce domicile se constate, soit par une déclaration à la Mairie, soit par les circonstances. (Art. 102, 104 et 105 du Code Civil). Ainsi peu importe qu'on soit ou non inscrit sur le rôle des contributions de la commune.

Le droit de participer à la récolte, en ce qui concerne les habitants, est un droit attaché à la personne et il est acquis par le seul fait du transfèrement légal du domicile dans une commune riveraine, alors qu'il ne précèderait que de quelques heures le moment de la récolte ; ainsi il est incontestable qu'un fermier qui quitterait la commune au moment de la coupe perdrait tout droit à cette coupe, au profit du nouveau venu qui le remplacerait.

De la personnalité de ce droit il résulte que les habitants d'une commune riveraine peuvent bien conduire sur les lieux autant de charrettes et de chevaux qu'ils le veulent, même faire garder et conduire ces charrettes et ces chevaux par des forains ou individus étrangers à la commune ; car cela ne fait que faciliter le transport, sans augmenter le produit, (Beaussant, T. 1) ; ils pourraient même employer ces forains à d'autres travaux d'emmagasinage, de transport, de gardiennage, etc ; mais ils ne doivent employer pour la coupe et la récolte proprement dites que *les habitants de la commune* ou des gens notoirement *attachés à l'ex-*

ploitation de leurs terres, ce qui revient au même.

Telle était déjà la législation sous l'empire de l'ordonnance de 1681 qui défendait aux seigneurs, à peine de concussion, de donner la permission de couper le goëmon à d'autres qu'aux riverains. — Tout étranger contrevenant était puni de 50 livres d'amende. Telle est encore la loi et elle prévient ainsi les fraudes qui pourraient se produire. S'il était permis en effet à un propriétaire habitant de s'adjoindre des étrangers, il pourrait en se faisant assister par des centaines de travailleurs, absorber à lui seul la moitié de la récolte. Sous l'empire de l'ordonnance et même du décret de 1853 ; les goëmons devant être, en règle générale, employés dans la Commune, les conséquences d'un pareil état de choses eussent pu paraître moins graves. Mais aujourd'hui la vente et l'exportation des goëmons étant absolument libres *pour les habitants* ainsi que nous le verrons plus tard, quelques riches propriétaires auraient seuls profité du monopole.

En règle générale le partage des biens communaux se fait par feu ou par tête, de façon à conserver l'égalité ; l'usage a déterminé ici le profit par personne. L'égalité est toujours respectée.

Tout le monde dans la Commune, le plus pauvre comme le plus riche participera à cette coupe, et l'obligation de n'employer que les habitants fera que toutes les familles trouveront soit en salaire, soit en récolte, le bénéfice que la loi a entendu n'attribuer qu'à eux.

Les riches d'ailleurs auront encore bien des avantages, soit dans la facilité de se procurer des moyens de transport, soit dans l'emploi d'un plus grand nombre de personnes.

Ainsi la Cour de Cassation, toutes chambres réunies, a jugé le 17 juillet 1839.

« Que le droit qui appartient aux Communes riveraines doit être exercé par les habitants eux-mêmes ou par les personnes notoirement attachées à la culture des terres de la Commune ; et il ne leur est pas permis de s'adjoindre des individus étrangers à la Commune afin d'augmenter leur part de récolte. »

Il a été jugé également que les ouvriers ainsi employés ne pouvaient même pas s'excuser en disant qu'ils ne travaillaient pas pour leur compte.

L'ignorance de la loi pénale n'est pas une excuse.

Cette jurisprudence a été confirmée depuis, notamment par un arrêt de Cassation du 28 août 1857.

Le Tribunal de Brest avait donc méconnu la loi quand en 1838, il a acquitté un propriétaire riverain qui avait employé à la coupe du goëmon une douzaine d'ouvriers étrangers.

Cette cause a révélé l'existence d'un arrêté rendu par le Préfet du Finistère, le 5 septembre 1812, qui permet aux veuves et mères de jeunes enfants d'employer à cette récolte des journaliers étrangers.

Cet arrêté était inégal.

Le droit ancien ordonnait que les goëmons fussent exclusivement employés dans les communes.

La vente et l'exportation en étaient sévèrement interdites. Le législateur n'avait alors en vue que l'emploi le plus ordinaire du goëmon, c'est-à-dire l'engrais des terres.

Néanmoins cette prohibition était facile à enfreindre en raison des difficultés de surveiller l'emploi du goëmon recueilli et brûlé. Il est par exemple certaines îles en Bretagne, où la très-grande partie du goëmon est réduite en cendres et vendue à l'industrie. Pourtant il y avait dans cette législation une preuve de l'intérêt sérieux porté à l'agriculture, et cette défense sanctionnée par une loi pénale rigoureuse avait au moins l'avantage immense d'entraver l'industrie de la soude et de réserver à l'agriculture la majeure partie des produits.

Les cultivateurs, en effet, sur un marché libre, ne sauraient avoir la prétention de lutter contre la concurrence des industriels et cela pour des raisons qu'il serait trop long d'exposer ici.

L'obligation d'employer le goëmon sur place engageait les habitants non propriétaires à traiter du produit de leur récolte et alors on pouvait dire véritablement que la commune tout entière profitait des nombreuses transactions que le marché du goëmon faisait naître et d'une fertilisation plus grande et plus facile de son sol.

Cette défense de vendre aux forains et d'exporter était pour ainsi dire la corrélation du monopole des communes.

L'esprit de ce privilége est en effet d'éviter la dispersion des goëmons recueillis et nous avons vu dans l'historique qui précède les riverains se plaindre de ce que la récolte, si abondante qu'elle fût, était encore insuffisante pour les besoins des terres situées dans la commune.

En permettant la vente au dehors on fut arrivé à un résultat encore plus regrettable, au point de vue de l'agriculture, qu'en permettant à tout le monde de participer à la coupe. Car les habitants des communes riveraines ou limitrophes eussent été en fait les seuls à même de profiter de cette autorisation, ainsi que cela se passe pour la pêche qui est ouverte pourtant à tous ; et l'emploi du goëmon se serait trouvé limité à ces Communes. Avec la vente et l'exportation, il n'y aurait à notre point de vue, aucune raison de conserver aux riverains le monopole d'une récolte sur laquelle ils n'ont pas plus de droit que tous les autres citoyens, du moment où cette récolte ne doit pas profiter exclusivement aux terres de la commune. L'ordonnance de 1681 sembla trop absolue aux législateurs de 1853.

Il est en effet certaines communes, certaines îles,

par exemple, où l'agriculture n'existe pas et dont tout le commerce consiste dans l'exportation des cendres de varech.

En vue de cette situation le décret de 1853 autorisa, dans son article 106, la vente aux forains et le transport hors du territoire de la commune, mais *seulement après décision formelle du Conseil municipal.*

C'était un premier pas vers l'état des choses actuel.

Les Conseils municipaux, généralement composés des plus riches propriétaires de la commune, n'eurent garde d'autoriser l'exportation qui eut élevé considérablement les prix. Les industriels et ceux dont les moyens d'existence consistent à brûler le goëmon et à le vendre aux forains se plaignirent, et le décret de 1868 vint leur donner raison en créant une situation nouvelle, irrémédiable, et contraire à celle qu'avait si sagement organisée l'Ordonnance de la Marine. Voici le texte même de la loi.

Article 5. — *Les dispositions des règlements antérieurs portant défense de vendre les goëmons de rive aux forains et de les transporter hors du territoire de la Commune sont et demeurent abrogées.*

Ainsi, droit exclusif pour les riverains de récolter les goëmons ; liberté entière et absolue d'en faire tel emploi qui semblera bon, de les vendre, de les exporter.

Un arrêté du Préfet, une décision du Conseil municipal qui entraveraient l'exercice de ces droits seraient absolument illégaux. Le texte même de la loi retire en effet aux Conseils municipaux la faculté dont ils jouissaient en vertu du décret de 1853.

Et quant aux Préfets s'ils ont, aux termes d'un arrêté du 18 thermidor an x, le droit de réglementer la coupe du goëmon, ils sont tenus d'après ce même arrêté, de se conformer *aux lois*.

En résumé, les habitants seuls ont le droit de récolter le goëmon, et ils ne doivent employer à cette récolte que des habitants, lesquels de la même commune, comprennent évidemment les journaliers, garçons de ferme, domestiques, attachés notoirement à l'exploitation.

L'habitation a lieu là où se trouve le domicile, c'est-à-dire là où se font les déclarations à la mairie, où s'exercent les droits électoraux.

Enfin le droit de récolte qui était autrefois attaché à la personne et à la terre, personnel et réel, est aujourd'hui purement personnel. La vente aux forains est absolument libre.

Mais, croyons-nous, les préfets ont le droit par des arrêtés de limiter, eu égard aux réclamations des Conseils municipaux et aux besoins de la commune, la quantité de goëmons qui peut être convertie en cendres pour l'industrie. Ils pourraient même faire défense de brûler les goëmons. Leur

BIBLIOTHÈQUE NATIONALE R.F. IMPRIMÉS

droit, en ce cas, proviendrait de l'ordonnance de 1772 qui n'a pas été rapportée, que nous sachions.

On peut voir dans ce sens un arrêt de Cassation du 31 décembre 1852.

Propriétaires n'habitant pas la commune.

Ils ont comme les habitants le droit de participer à la récolte du goëmon.

Sous l'empire du décret de 1853, la question de savoir si un propriétaire non habitant pouvait employer à la récolte le personnel attaché à l'exploitation des terres situées en dehors de la commune, a été discutée. Le décret de 1868 reproduisant les mêmes dispositions que le décret de 1853 en ce qui concerne les biens-tenants, a pu faire croire que c'était à dessein que le législateur s'était abstenu de se prononcer sur la question.

Aujourd'hui aucun doute n'est possible. Le Conseil d'Amirauté saisi de la question s'est prononcé dans le sens de l'égalité des droits entre les habitants et les biens-tenants.

Voici le texte même du décret rendu le 5 août 1873.

« Vu le décret du 8 février 1868 et spécialement
« l'article 2 de ce décret ainsi conçu : La récolte
« des goëmons de rive appartient aux habitants des
« communes riveraines. Tout habitant a droit de
« participer à cette récolte. Les propriétaires des

« terres situées dans les communes du littoral ont « droit à la récolte des goëmons de rive, sans être « tenus de justifier du fait d'habitation. »

Considérant que le décret du 8 février 1868 ne saurait conférer aux propriétaires qui n'habitent pas les communes riveraines le droit d'employer à la récolte des individus étrangers à cette commune :

« Considérant que lesdits propriétaires jouissent « seulement de droits égaux à ceux des habitants « des communes riveraines ; le Conseil d'Amirauté « entendu, décrète :

« Art. 1. — Le paragraphe ci-après est ajouté « à l'article 2 ci-dessus reproduit : « Ils ne peuvent « employer à cette récolte que des habitants des « communes riveraines ! »

Le cas le plus fréquent que vise ce décret est celui où un propriétaire ayant partie de son exploitation sur une commune et partie sur l'autre, voudrait employer le personnel de son exploitation à la récolte sur les deux communes : ce cas est formellement prévu par le rapport au ministre qui précède l'arrêté sus-visé et qui s'exprime ainsi :

« Les propriétaires non habitants ont cru pouvoir « employer à la récolte des goëmons le personnel « affecté à l'exploitation des terres situées dans « d'autres communes, et ce, au détriment des ri- « verains qui ont élevé à cet égard des réclamations « dont on ne peut méconnaître le fondement. »

Dans quelle commune dès lors un propriétaire

se trouvant dans ces conditions pourra-t-il employer son personnel à la récolte? La réponse est facile. Dans la commune où se trouvera son habitation.

Et il faudrait encore le décider ainsi alors même que toutes les terres exploitées se trouveraient dans une commune, si la maison d'habitation était située dans une autre. N'oublions pas en effet que c'est au fait d'habitation qu'est en principe attaché le privilége de la récolte.

Il n'y a qu'une seule dérogation à ce principe en faveur du *propriétaire* non habitant.

Si les bâtiments d'exploitation se trouvaient situés sur les deux communes, ce serait dans celle où se trouverait la maison principale que le propriétaire aurait le droit d'employer son personnel.

Enfin si cette maison elle-même était à cheval sur les deux territoires, la porte principale déterminerait le lieu de l'habitation.

Nous avons vu que depuis le décret de 1868, les *habitants* sont libres d'exporter et de vendre au dehors les goëmons recueillis par eux.

En est-il de même des biens-tenants ou autrement dit des propriétaires de terres situées dans une commune qu'ils n'habitent pas?

Le décret de 1853, art. 109, après avoir établi le droit des biens-tenants, ajoutait : « Sous la condition d'employer le goëmon par eux recueilli dans la circonscription de la Commune. »

Le même décret permettait aux *habitants* de

vendre le goëmon au dehors, avec l'autorisation du Conseil municipal.

Cette autorisation accordée permettait-elle aux biens-tenants de jouir du même avantage?

Il avait été, à plusieurs reprises, décidé que non et ce point ne faisait plus de doute.

Mais aujourd'hui le décret de 1868 a tout remis en question.

D'une part il rend absolument libre pour les *habitants* la vente du goëmon au dehors.

D'autre part, en ce qui concerne le droit des biens-tenants, il ne répète pas la condition de l'art. 109 du décret de 1853.

Faut-il en conclure qu'il y a là une abrogation voulue de la restriction imposée aux non-habitants et ceux-ci ont-ils le même droit que les habitants de vendre aux forains et de transporter au dehors?

Les deux systèmes peuvent être soutenus en l'absence de toute décision judiciaire sur le point.

Premier système. — Il n'y a dans le décret de 1868 qu'une simple omission qui ne saurait équivaloir à une abrogation, même implicite. Ce décret ne réunit pas toutes les dispositions sur la matière et laisse par conséquent subsister la condition de l'art. 109 du décret de 1853. Enfin la situation des biens-tenants n'a pas été modifiée ; il est bien évident que le privilége de récolte octroyé au non habitant est une concession faite non pas pour la personne mais pour l'amélioration des terres de la commune.

Dès lors les biens-tenants ne jouissent pas du droit de vendre au dehors.

Second système. — Dans un but de libre concurrence et de plus large répartition, le décret de 1868 a abrogé d'une façon radicale les dispositions des règlements antérieurs portant défense de vendre le goëmon aux forains et de le transporter hors de la commune (art. 5.). Cet article ne distingue pas et, chose remarquable, il est placé, après l'attribution des droits tant aux habitants qu'aux biens-tenants, contrairement à ce qui avait lieu dans le décret de 1853 que le premier système invoque.

On ne comprendrait pas que le décret de 1868 qui a copié *textuellement* tant d'articles dans celui de 1853 ait sans dessein supprimé la partie la plus importante de l'un de ces articles.

L'argument tiré de l'amélioration des terres est sans portée. Nous savons que le privilége de récolte est accordé aujourd'hui non en vue de cette amélioration (puisque les habitants peuvent vendre cette récolte au dehors) mais uniquement comme compensation au dommage que peut causer le voisinage de la mer. Et le propriétaire non habitant subit ce dommage.

Enfin tous les documents sur la matière et notamment le décret du 5 avril 1853 ont fortement établi le principe de l'égalité absolue entre les deux catégories de privilégiés.

Telle est, suivant nous, la véritable doctrine ;

mais la question est trop récente pour qu'elle eut pu être encore tranchée dans un sens ou dans l'autre.

TROISIÈME CLASSE.

Goëmons poussant en mer.

La loi les définit ainsi. *Ceux qui tenant aux fonds et aux rochers ne peuvent être atteints du pied à la basse mer des marées d'équinoxe.*

Cette catégorie de goëmons offrant peu de difficulté il suffira de reproduire ici l'article du décret de 1868 qui la réglemente.

Art. 6. — « La récolte ou coupe des goëmons poussant en mer est permise de jour pendant toute l'année.

« Elle ne peut être faite qu'au moyen de bateaux pourvus de rôles d'équipage. Néanmoins pour la récolte de ceux de ces goëmons qui sont destinés aux besoins particuliers des cultivateurs, ces derniers et leurs valets de ferme peuvent accidentellement s'adjoindre aux équipages réguliers des bateaux, sans toutefois que leur nombre excède deux hommes par tonneau, non compris les hommes du bord. »

Ces dispositions sont suffisamment claires.

Il n'est pas nécessaire d'être habitant d'une

commune riveraine pour participer à cette coupe.

Les goëmons poussant en mer ne sont pas en effet une dépendance des côtes qu'on pourrait attribuer à telle ou telle commune. Comme les goëmons épaves, ils appartiennent au premier occupant, sous les restrictions imposées par l'article précité au bénéfice des inscrits maritimes.

Règlementation.

Nous nous occuperons sous cette rubrique de la coupe des goëmons de rive seulement. Pour les goëmons épaves, il suffira de rappeler que leur récolte est permise pendant toute l'année, pour les goëmons poussant en mer.

En ce qui touche les goëmons de rive, on peut d'abord se demander où commence et où finit l'étendue de côte sur laquelle les habitants d'une commune peuvent effectuer cette récolte.

En général, cette étendue sera déterminée par les limites de la commune elle-même, c'est-à-dire par la délimitation cadastrale.

Mais en cas de contestation quelle sera l'autorité compétente ?

De nombreux arrêts avaient décidé d'abord que le préfet avait attribution de fixer les limites maritimes de chaque commune, mais une décision plus récente (31 mars 1865) et fortement motivée du Conseil d'Etat, a jugé que c'est à l'Autorité maritime et non aux préfets qu'appartient cette délimitation, « les varechs étant les fruits du domaine public maritime. »

Dans le cas où des individus seraient poursuivis pour avoir récolté du goëmon sur un rivage qui n'appartiendrait pas à la commune de leur habitation, ils auraient le droit d'élever une question préjudicielle, à savoir si, en l'absence de documents administratifs, la portion du territoire sur laquelle ils ont récolté ne fait pas partie de leur propre commune.

Et il importe peu qu'il existe un procès-verbal de délimitation pour la terre ferme si des doutes peuvent s'élever relativement au prolongement de ces limites sur le terrain maritime.

Cette revendication exercée soit par des individus soit par la commune elle-même, n'est pas soumise à la prescription, si longue qu'elle soit. La commune voisine eût-elle de tout temps récolté le goëmon sur telle ou telle partie du rivage, même sur le territoire d'une autre commune, celle-ci a le droit ou de demander une délimitation et de revendiquer son territoire maritime, quel que soit le temps écoulé. De même le droit de la récolte n'étant pas dans le commerce, le contrat par lequel une commune échangerait, vendrait ou louerait, céderait son droit à une autre, serait absolument nul.

Deux coupes de goëmons peuvent être autorisées chaque année.

Les époques et les jours seront fixés par l'autorité municipale. (Art. 4. Dec. 8 fév. 1868.)

L'autorité municipale peut-elle excepter les dimanches et fêtes des jours pendant lesquels la récolte est permise ?

La cour de Cassation a jugé que c'était *illégalement* qu'un arrêté municipal avait défendu de procéder à la récolte dans la commune les jours de dimanches et fêtes. — Cassation 28 juillet 1864.

Nous penserons que malgré les termes de l'art. 4 précité, cette illégalité existerait encore aujourd'hui.

En effet, outre que la loi de 1814 sur la sanctification du dimanche est tombée en désuétude (en fait au moins, sinon en droit, puisque la Cour de Cassation a, en 1866, jugé le contraire), la coupe du goëmon constitue un véritable travail de récolte excepté de la prohibition générale, de la loi de 1814, par l'art. 8 de la même loi.

Rappelons enfin que l'arrêté du préfet qui restreindrait l'usage de tout ou partie du goëmon dans une commune à l'engrais des terres et prohiberait la fabrication de la soude serait parfaitement légal mais qu'il serait d'une exécution difficile, sinon impossible aujourd'hui, puisque la vente aux forains est complètement libre.

Contraventions. — Pénalités.

Les contraventions principales aux décrets que nous avons cités, sont :

1° La coupe de nuit pour les goëmons de rive.

2° La coupe par des individus non habitant la commune et n'y ayant pas de terres.

3° La pêche en mer par des bateaux montés par des riverains non inscrits.

Ces infractions sont prévues et punies par l'art 9 du décret du 9 janvier 1852, ainsi conçu :

« Seront punis d'une amende de 2 à 50 francs, *ou* d'un emprisonnement de un à cinq jours, toutes autres contraventions au réglements rendus en exécution de l'art. 3 du présent décret. »

Les procès-verbaux seront dressés par *les agents maritimes* ; ils font foi jusqu'à inscription de faux.

Enfin, par dérogation au droit commun, les Tribunaux correctionnels connaîtront seuls de ces contraventions qui devront être poursuivies dans les trois mois de la constatation, sous peine de prescription de l'action. La commune sur le territoire de laquelle l'infraction a été commise a droit et qualité pour se porter partie civile et réclamer des dommages-intérêts ; mais cette action sera également prescrite si la poursuite correctionnelle n'a pas eu lieu dans les trois mois.

Toutes contraventions aux arrêtés préfectoraux

ou municipaux, par exèmple à ceux qui fixent l'époque, le nombre et la durée des récoltes, seront punies des peines de simple police prévues par l'art. 471, § 15 du Code Pénal, et portées devant le Juge de Paix.

Mais l'art. 9 du décret de 1852 serait applicable à tous ceux qui s'opposeraient à l'exercice des droits que les décrets de 1853 et de 1868 confèrent aux habitants et aux propriétaires.

Tréguier. — A. Le Flem, Imprimeur-Libraire. (1876.)

JOURNAL DE TRÉGUIER

LITTÉRATURE — RELIGION — COMMERCE
AGRICULTURE — MARINE — NOUVELLES.

UN AN : 8 FRANCS

LE JOURNAL PARAIT LE SAMEDI

www.ingramcontent.com/pod-product-compliance
Ingram Content Group UK Ltd.
Pitfield, Milton Keynes, MK11 3LW, UK
UKHW020424220726
13923UKWH00005B/2120

9 782019 289805